AF463187

Bourg, imprimerie Dufour.

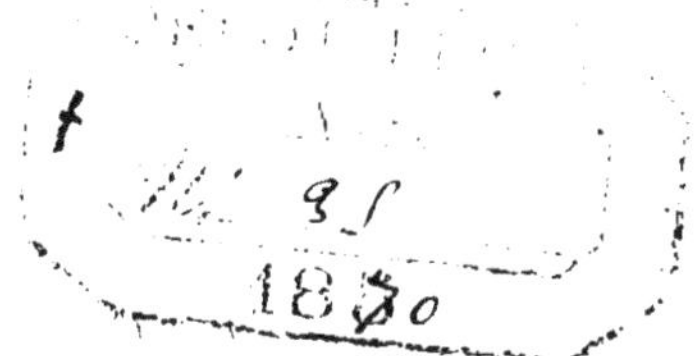

SIMPLE CAUSERIE

AVEC DES CULTIVATEURS

SUR

LES PLANTES MÉDICINALES

EMPLOYÉES POUR LE BÉTAIL.

SIMPLE CAUSERIE

AVEC DES CULTIVATEURS

SUR LES

PLANTES MÉDICINALES EMPLOYÉES POUR LE BÉTAIL.

BIBLIOTHÈQUE IMPÉRIALE IMPR.

Dans toutes les fermes, on voit les cultivateurs préparer des remèdes pour leurs bœufs ou leurs vaches malades avec des herbes cueillies au jardin ou dans les champs. Je voudrais passer en revue avec vous celles de ces herbes qui produisent le plus d'effet sur le bétail et que chacun peut trouver autour de soi, même dans les pâturages, dans les bois et le long des haies.

Et d'abord devons-nous parler de toutes les erreurs et superstitions qui ont cours dans quelques campagnes parmi les cultivateurs ignorants? Il me semble que de longs détails là-dessus seraient sans utilité. Les gens un peu intelligents ne croient plus à de tels procédés, et tout ce que nous pourrions raconter ne désabuserait pas les imbéciles qui y croient encore. Essayons pourtant, et débutons par un fait historique.

Dans une certaine commune, qui n'est pas très-éloignée d'ici, on consultait souvent une vieille femme au sujet des bêtes malades. Son entrée dans l'écurie était solennelle. Mille précautions mystérieuses donnaient de l'importance à son opération : elle mettait des clous et des herbes dans de l'eau, y trempait une branche de néflier, en aspergeait les murs en articulant des paroles cabalistiques, puis prenait du poil sous le ventre de l'animal, le jetait dans un pot avec des feuilles de fougère et un foie piqué de cinq clous forgés pendant la messe de minuit, et faisait cuire le tout avec du vinaigre. Le coupable sorcier qui avait rendu les animaux malades souffrait des maux horribles, au dire de la méchante femme, pendant que la préparation était sur le feu. Pour que jamais il ne pût donner de nouveaux maléfices, elle mettait sa drogue sous le seuil de la porte, plantait une branche de néflier au plancher, et le bétail dès lors était à l'abri des sorciers. Il en coûtait pour cela 30 francs.

Vous sentez que tous les moyens semblables sont absurdes et qu'il faudrait être plus bête que les animaux pour y avoir la moindre foi. Arrivons donc aux choses sérieuses et reconnues bonnes.

S'il est vrai que beaucoup de plantes fourragères causent des maladies au bétail, on sait d'autre part que les fourrages sains et abondants sont souvent les meilleurs remèdes. Dès lors, il faudrait commencer par purger les prairies de toutes les plantes nuisibles, autant du moins que la chose est possible. Les assainissements, les amendements de cendre, de chaux, de suie feraient disparaître les plantes aquatiques, généralement les plus mauvaises. Celles qui se trouvent en petite quantité pourraient être ramassées à la main. Dans les environs de Bourg, certains cultivateurs soigneux ont la précaution d'arracher tous les ans, au printemps, les rhinautes ou cocrêtes, qu'on appelle en Bresse la *Tartaya*, dans les prés qui en sont envahis. Comme ce sont des plantes annuelles, en les détruisant deux ans de suite on en a bientôt la fin.

Pour arriver à une destruction complète des plantes nuisibles, il faudrait d'abord les connaître. Je n'ai pas besoin de parler des carex, des joncs, des genêts, des colchiques, des orchis, des prêles, etc., tout le monde sait quelle influence pernicieuse ces herbes ont sur la santé du bétail. Tous les cultivateurs devraient savoir aussi que le roseau, cette haute graminée des lieux marécageux, nuit aux vaches qui en mangent avant l'époque où elles doivent mettre bas ; — que le calamagrostis des bois, cette paille que nous appelons en Bresse du *rosat*, donne la diarrhée et la dyssenterie aux animaux qui la broutent lorsqu'ils sont pressés par la faim ; — que les euphorbes contiennent toutes un suc virulent nuisible au lait et à la chair des animaux ; — que plusieurs espèces d'anémones sont âcres et corrosives ; les animaux ne les mangent d'ordinaire que lorsqu'ils sont pressés par la faim ; elles causent des inflammations d'intestins et d'autres accidents non moins graves ; — que les renoncules occasionnent différentes maladies et même souvent la mort ; — que les menthes font trancher le lait des vaches qui en mangent en trop grande abondance, ce qui arrive très-souvent à la fin de l'automne, lorsque les pâturages sont dépouillés d'herbages : effet que les cultivateurs superstitieux attribuent bêtement à de vilains sorciers. Il y aurait vraiment des choses très-utiles à vulgariser sur cette question, mais hélas ! j'avoue pour mon compte que je n'en sais pas plus long. Il n'est pas mal de reconnaître souvent sa propre ignorance, afin que de plus savants s'empressent de combler des lacunes loyalement indiquées.

Beaucoup de cultivateurs se sont ruinés pour ne pas avoir connu les mauvais effets de certains fourrages sur la santé du bétail. Voici un fait entre mille que je livre à vos méditations : Un jeune cultivateur, instruit et observateur, succède comme fermier à un pauvre homme qui venait de perdre, en quelques années, des chevaux de son écurie pour une valeur considérable. La ferme dans laquelle il entrait, décriée de tout le voisinage, ne trouvait pas d'amateurs et chacun prédisait à R... une ruine infaillible et prochaine.

Ces fâcheux pronostics ne l'arrêtèrent point, et le bail fut passé aux conditions les plus avantageuses pour lui. A peine installé depuis quelques mois dans sa ferme, ce jeune homme remarqua avec douleur que ses chevaux dépérissaient visiblement : ils avaient la diarrhée, une soif dévorante et urinaient sans cesse. D'où provenaient ces accidents? — De l'écurie? — Non, car elle réunissait toutes les conditions de salubrité. — De l'eau qui abreuvait le bétail? — Pas davantage : cette eau, suffisamment aérée, n'était pas chargée de matières étrangères ; elle cuisait parfaitement les légumes secs et dissolvait le savon. Cette eau non plus n'était pas glacée. Pourtant ces effets avaient une cause, mais il fallait la trouver. R... remarquait que toutes les fois que ses chevaux passaient quelques jours chez sa mère, la diarrhée et les autres symptômes disparaissaient. Même remarque de la part d'un de ses beaux-frères dont le cheval, pris de diarrhée aussi à la ferme, guérissait en rentrant dans son écurie. L'attention du nouveau fermier se porta alors sur ses fourrages. Il se convainquit que le cumin et le colchique d'automne y entraient dans une trop large proportion. Comme son foin était très-aromatique, il en trouva le débit facile et avantageux. Dès qu'il l'eût remplacé, ses chevaux ne tardèrent pas à recouvrer leur santé.

Notons bien que le fourrage que vendit R... ne paraissait pas devoir être nuisible aux bêtes à cornes. Ce serait commettre une grande faute que d'empoisonner le bétail d'autrui avec le fourrage qu'on lui vend, dût-on, par cette vente, faire une bonne opération pour sa bourse. L'honnêteté avant tout, ne l'oublions jamais dans n'importe quelles affaires. Ceci étant bien compris, observez avec moi combien R... se montra intelligent dans cette circonstance. Quatre-vingt-dix-neuf sur cent auraient eu recours à tous les empiriques de la contrée et seraient bientôt arrivés à une ruine complète. Changer le foin, purger les prés des herbes nuisibles, ce fut assez pour modifier sa condition.

Je viens de parler des mauvaises plantes. Il y a longtemps qu'un célèbre agronome, M. Joigneaux, je crois, a dit qu'il n'y pas de plantes nuisibles, dans la rigoureuse acception du terme. Celles que nous croyons le plus malfaisantes ont souvent plus de qualités que de défauts. Ainsi, dans nos champs, nous en détestons un bon nombre pour le tort qu'elles font aux récoltes, et, en médecine, elles sont de précieux remèdes pour les hommes et pour les animaux. Je ne prétends pas vous présenter tous les moyens de guérison empruntés au règne végétal. Ce serait d'abord une tâche bien au-dessus de mes forces, et, d'autre part, sans grande utilité pour vous. Cela est d'autant plus vrai que la botanique agricole ne saurait vous faire connaître exactement toutes les maladies auxquelles s'appliquent les herbes en question. Son principal rôle, et c'est celui que j'adopte ici, consiste avant tout à étudier les usages et les propriétés des plantes dans des cas donnés. Les autres indications sont de la compétence de l'homme de l'art, du vétérinaire, qui connaît l'anatomie animale et les symptômes des diverses maladies. C'est donc à lui que vous devez vous adresser dans les maladies graves de vos animaux. Il vaut mieux dépenser une pièce de cent sous que de perdre une bête qui vaut parfois plus de vingt louis.

Nous présenterons les plantes dans l'ordre alphabétique des noms, afin de faciliter les recherches. Mais où trouverez-vous ces plantes ? —Dans vos jardins, en un carré spécial comprenant l'absinthe, l'angélique, la bourrache, la camomille, la guimauve, l'hysope, la mauve, la mélisse, la menthe poivrée, la saponaire, la sauge, la tanaisie. Vous les trouverez aussi : 1° dans le nombre de vos légumes: l'ail, l'asperge, la carotte, la chicorée, le cresson, la laitue, le navet, l'oseille, le persil, le thym; — 2° dans les plantes de grande culture : la betterave, le blé, l'avoine, la courge, le houblon, la moutarde, l'orge, le pavot, le seigle, le riz, le tabac; — 3° parmi les arbres et arbustes de diverses sortes : l'aulne ou verne, le chêne, le frêne, le fusain, le garou, le genévrier, le marronnier d'Inde, le noyer, le peuplier, le pommier, le réglissier, la ronce, le saule, la sabine, le sureau, le tilleul, la vigne ; — 4° parmi les herbes dites sauvages : l'armoise, l'arrête-bœuf, le bouillon blanc, la bryone, le chiendent, le colchique, le coquelicot, l'euphorbe, la fougère, la gentiane, la morelle, la prêle, etc., etc. Ces listes vous donnent un aperçu des végétaux dont nous allons parler au point de vue de leur utilité dans les maladies de vos animaux. J'ai emprunté aux auteurs les plus compétents les explications que je donnerai sur chacun. J'ai profité aussi du savoir pratique de certains cultivateurs. Cependant, je dois avouer que cette dernière source m'a paru peu sûre, et je m'en suis naturellement défié. J'ai mentionné les noms vulgaires toutes les fois que cela m'a été possible. Malgré tous mes soins pour bien préciser les choses, il peut y avoir encore de l'incertitude au sujet de quelques herbes dont l'emploi est conseillé.

Dans ce cas, je suis d'avis qu'on ne fasse pas usage de la plante douteuse. La méprise peut avoir des suites plus graves que vous ne pensez. Mieux vaut souvent laisser un mal léger suivre son cours naturel que de faire périr sa bête par des remèdes dangereux. Vous n'ignorez pas que des plantes empoisonnent.

Laissez-moi vous expliquer d'abord quelques-uns des termes les plus employés pour désigner les vertus des plantes.

Celles qui fournissent des principes mucilagineux, onctueux, doux, sont dites *adoucissantes*. Telles sont la betterave, les mauves, la guimauve, la rave, etc.

Celles dont les sucs resserrent les tissus, diminuent le flux de sang, sont appelées plantes *astringentes*. Vous connaissez l'écorce de chêne, la ronce, etc., qui sont dans ce cas.

Les plantes *fortifiantes* sont celles qui fortifient les organes et les tempéraments affaiblis.

D'autres plantes font suer: on les appelle *sudorifiques*. — D'autres augmentent la sécrétion urinaire, ce sont des *diurétiques*. — D'autres purgent, ce sont des *purgatifs*. — D'autrss encore chassent les vers, la fièvre : on les appelle *vermifuges*, *fébrifuges*.

Quoi que je pourrai faire, je vous préviens qu'il nous faudra de la patience, à vous comme à moi. Pour vous de la bonne volonté; pour moi, du courage. Courage donc et commençons.

Absinthe. — On la cultive dans les jardins de ferme. Les ménagères l'appellent *ferblanc* ou *forblanc* et l'emploient contre les vers chez les enfants. Pour les animaux, c'est aussi un excellent vermifuge, et de plus, un tonique et un fébrifuge. Réduite en poudre, l'absinthe s'incorpore au miel et à l'extrait de genièvre, à la dose de 30 à 120 grammes pour confectionner une espèce de boisson stimulante et tonique que l'on fait prendre aux animaux atteints de charbon et de diverses maladies du sang. Les infusions d'absinthe peuvent être administrées à la dose de 4 à 6 litres par jour dans la diarrhée des grands ruminants, bœufs, vaches, etc., surtout dans les diarrhées anciennes.

Ail commun. — Légume de tous les jardins, très-employé dans les fermes contre les vers des enfants et qui a aussi la propriété de faire périr ceux des animaux. Macéré dans le vin ou la bière, l'ail s'emploie à la dose de 2 à 5 décilitres par animal. Il est très-convenable pour faire évacuer les urines et faire disparaître les engorgements du foie et de la rate. C'est un antiseptique populaire dans les maladies contagieuses du bétail; il tend à préserver les animaux de l'atteinte des maladies épidémiques, de ces maladies qui attaquent en même temps un grand nombre de têtes de bétail. Appliqué sur les morçures de vipère, il détruit le venin.

Aloès. — C'est une plante exotique, remarquable par des feuilles charnues, de forme toujours bizarre et quelquefois épineuses; quelques espèces ont d'assez belles fleurs. Cette substance végétale est un purgatif très-échauffant qui ne convient pas à tous les animaux ; on ne l'emploie pas pour les ruminants et les moutons. L'aloès au contraire purge très-bien le cheval, le porc et le chien. L'aloès est aussi un vermifuge. Tardieu et Meyer l'ont administré avec beaucoup de succès aux porcs atteints de maladies vermineuses du canal intestinal.

Ancolie. — L'ancolie est cultivée dans les jardins pour la beauté de ses fleurs. Les vétérinaires, dit le docteur Cazin, prescrivent la racine d'ancolie en poudre, à la dose de 30 grammes, pour faciliter la sortie du claveau des bêtes à laine.

Angélique. — Grosse plante très-répandue dans les pays de montagne, et cultivée dans quelques jardins. On la dit stimulante ou propre à ranimer la circulation du sang et l'activité musculaire. Elle est d'une grande efficacité pour les bestiaux qui ont respiré un air humide ou qui ont pâturé dans des terrains marécageux. Infusée dans du vin et administrée au cheval, elle excite une sueur douce et peu abondante. Elle fortifie les jeunes chevaux et fait cesser les diarrhées qui les attaquent et qui se manifestent pendant la marche. Coupée en petits morceaux et mêlée aux aliments, elle se donne aux cochons et aux volailles qui dépérissent par suite de langueur des fonctions vitales. En poudre, la dose de l'angélique est, pour le cheval et le bœuf, de 30 à 250 grammes. En infusion dans le vin, la dose est de 30 à 60 grammes dans deux litres de vin. Pour les petits animaux, la dose est la moitié moindre.

ARMOISE. — On connaît cette plante dans le pays sous le nom d'*herbe de St-Jean.* Toutes les parties sont aromatiques et amères. Pour le bétail, elle s'emploie dans les mêmes cas à peu près que l'absinthe, la sauge, la menthe, la camomille. Elle s'emploie aussi dans l'épilepsie des animaux domestiques.

ARRÊTE-BOEUF. Plante fortement diurétique. Propriétés analogues à celles de l'asperge et du persil.

ASPERGE. — Excellent légume, connu à peu près partout. Les racines s'emploient comme diurétiques, c'est-à-dire pour provoquer les urines en plus grande abondance que dans l'état ordinaire, lors de quelques maladies de la peau ou des voies urinaires, comme les dartres, les eaux aux jambes, les inflammations des reins, etc.

On prépare ces racines en décoction, dans le vin blanc à la dose de 100 gr. pour 1 à 2 litres d'eau. — On les mêle au persil ou à l'arrête-bœuf, pour produire un meilleur résultat.

AULNE OU VERNE. — Cette plante est connue à la campagne surtout sous son dernier nom. Lorsqu'un cheval est atteint d'un écoulement muqueux et purulent sortant abondamment par les naseaux, on l'attache dans une pâture de manière à lui laisser l'herbe pour toute nourriture, et pour toute boisson l'eau déposée dans une cuve tenant en macération une assez grande quantité d'écorce de verne, Par ce traitement simple, le cheval guérit dans l'espace d'un à deux mois (dr Gazin.)

BETTERAVE. — C'est un aliment précieux pour le bétail, surtout pendant l'hiver. — Cette nourriture rafraîchit les animaux, rend leur sang plus aqueux, fait couler abondamment leur urine et les préserve des affections si graves connues sous le nom de maladies de sang. Cuite, la betterave donne un aliment doux, sucré, facile à digérer et réconfortable dans les convalescences des maladies aiguës du poumon et des organes digestifs. — Les boissons de betteraves, de carottes et de raves, unies au lait, aux jaunes d'œuf, sont de très-bons breuvages pour les animaux atteints d'inflammations du ventre, de la poitrine et des voies urinaires. Elles sont surtout d'un excellent effet dans le pissement de sang des ruminants.

Blé froment. — Le blé fournit deux substances employées dans les maladies du bétail : d'abord le son et quelquefois le pain. Le son sert à faire l'*eau blanche* que l'on donne habituellement aux animaux qui travaillent pendant les chaleurs de l'été. Cette boisson convient parfaitement aux animaux sanguins, à ceux qui sont menacés de quelque irritation inflammatoire. On n'en présente pas d'autres aux sujets convalescents qui ne peuvent ou ne doivent pas s'abreuver d'eau pure. Dans le début de toute maladie, le premier remède est la diète et le repos. On ne donnera à l'animal que de l'eau blanche. Ce régime suffira souvent pour le rétablir. Si les symptômes, au lieu de diminuer, offrent des caractères plus alarmants, il faut recourir aux soins du vétérinaire. Cette eau blanche convient enfin aux vaches laitières, toutes les fermières le savent par expérience.

Traité par la décoction, c'est-à-dire en le faisant bouillir dans de l'eau, le son fournit un liquide visqueux, blanchâtre, doux au toucher et très-émollient. On l'emploie en breuvages, en lavements dans les inflammations intestinales, les coliques diverses, la diarrhée. A l'extérieur, on s'en sert pour laver les plaies, ou en fomentations dans les dartres et toutes les affections où il y a démangeaison ou prurit. Le son bouilli, uni aux mauves hachées et à la graisse récente, compose de bons cataplasmes émollients dont en entoure fréquemment le pied des animaux quand il est douloureux.

Le pain lui-même sert à faire de l'eau panée, boisson bienfaisante dans les maladies aiguës des poulains et des veaux. Coupée avec le lait, associée à la crême et aux jaunes d'œuf, l'eau panée compose ainsi de très-bons breuvages contre les diarrhées qui attaquent si fréquemment les jeunes animaux à l'époque du sevrage.

Bouillon-blanc. — Vous avez tous remarqué cette plante sur les bords des chemins, où elle se présente avec des feuilles larges, molles comme du velours, ou des pattes, ainsi que le disent les enfants. Les feuilles en question sont précieuses pour la préparation des décoctions adoucissantes. On les réserve principalement pour l'usage externe. Les animaux ne prendraient pas volontiers des breuvages au bouillon blanc, car le goût de cette plante, qui est très-voisine des familles à propriétés vireuses, est loin d'être agréable.

Bourrache. — La bourrache est connue de tout le monde. Dès qu'on l'a introduite dans un jardin, elle s'y perpétue toute seule sans qu'on prenne le soin de la semer. Pour le bétail, elle jouit de propriétés sudorifiques incontestables lorsqu'elle est donnée en infusions chaudes et que les animaux sont bien couverts. La dose est de 60 à 90 grammes dans 3 litres d'eau pour les grands animaux. Il en faut moins, 30 à 45 grammes seulement, pour les veaux et les porcs.

Bryone. — Voilà une plante dangereuse, connue en Bresse sous le nom de *courge sauvage*. Elle produit une grosse racine d'une odeur repoussante et qu'on surnomme *navet du diable*. Appliquée fraîche sur la peau, cette rave singulière la rougit et produit presque l'effet d'un vésicatoire. Prise à l'intérieur, elle agit comme les poisons irritants, produit des vomissements et des selles sanguinolentes. Vous en faites usage pour purger vos animaux et les débarrasser de coliques diverses. Vous ignorez que cet emploi peut être très-dangereux dans certains cas. On ne saurait trop avoir de prudence à l'égard d'une plante capable de faire périr les animaux qu'on voulait soulager.

Camomille. — Plante médicinale cultivée à peu près dans tous les jardins bien tenus. On en fait un très-grand usage dans les indigestions des grands animaux. La dose est de 4 à 8 grammes dans 2 litres d'eau. On dit que la camomille puante, qui croît dans les champs, a des propriétés analogues, mais plus actives encore que celle des jardins. Mme Millet-Robinet conseille de donner deux fois par jour quelques petites cuillerées de camomille dans du vin à la volaille atteinte de diarrhée.

Carotte. — Ce légume est connu ici sous le nom de *racine jaune*. On en cultive une variété pour le bétail dans les champs. Il serait bon d'en avoir toujours un peu pour en faire manger aux animaux dans les cas d'inflammations aiguës du ventre. Les carottes cuites constituent un aliment doux et restaurant qui convient surtout aux bêtes à cornes pendant le déclin des maladies de poitrine ou des intestins et dans le cours de toutes les maladies chroniques. Les vaches nourries en partie de carottes produisent du beurre plus coloré qu'à l'ordinaire. — On attribue aussi à cet aliment la propriété de rendre le poil du bétail lisse et beau.

Chêne. — Les parties employées sont l'écorce sèche, entière ou pulvérisée, sous le nom de *tan*, et cette excroissance arrondie qui se développe sur les feuilles de certaines espèces et que l'on appelle *noix de galle*. L'écorce de chêne ou le tan est un médicament tonique, astringent et antiputride, d'autant plus précieux dans la médecine des animaux qu'il se rencontre à peu près partout. On la fait bouillir dans de l'eau pour l'administrer en lavements presque froids aux jeunes animaux atteints de diarrhée séreuse, ou aux gros animaux qui pissent le sang. A l'extérieur, l'écorce de chêne pulvérisée dessèche et hâte la cicatrisation des plaies blafardes et séreuses sur lesquelles on l'emploie.

La noix de galle s'emploie en décoctions plus ou moins concentrées pour en faire soit des injections dans les cavités nasales, soit des lotions sur les eaux aux jambes des chevaux pour en provoquer la suppression.

Ajoutons enfin que les herbivores sont avides du gland du chêne. — Ce fruit écrasé, concassé, délayé, cuit, est recherché de tous les animaux qu'il engraisse et qu'il préserve de certaines maladies. C'est un précieux condiment tonique quand on l'associe à des aliments aqueux.

Chicorée sauvage. — Cette plante est connue. Vous n'avez pas encore l'habitude de la cultiver dans vos jardins. Il en existe une variété dite *améliorée* qui pousse avec vigueur et donne de larges feuilles fort utiles dans les salades du printemps, et aussi pour les animaux qui la mangent avec plaisir. Ce fourrage d'un genre peu connu ici convient surtout aux bêtes bovines dont les muqueuses sont pâles ou jaunes. Toutefois elle relâche et peut donner la dyssenterie si l'usage en est trop prolongé.

Chiendent. — Cette herbe parasite s'appelle chiendent à cause de ses ergots blancs, aigus et fermes qui ressemblent exactement à une dent de chien. Vous la détestez avec raison dans vos champs parce qu'elle se nourrit par ses racines longues et envahissantes aux dépens des récoltes. Mais on n'a jamais tous les défauts sans quelques petites qualités. Le chiendent a notamment l'avantage d'être très-nutritif et de produire sur les chevaux un effet analogue à celui de l'avoine. Il est reconnu aussi que les boissons faites avec ces sortes de racines sont rafraîchissantes et diurétiques, et fort utiles dans les maladies aiguës de tous les animaux. Un savant du nom de Silvius a remarqué que les bœufs qui, pendant l'hiver, sont affectés des concrétions biliaires se guérissent au printemps en mangeant les feuilles et les tiges de chiendent dans les pâturages.

Colchique d'automne. — Vous connaissez tous cette herbe vénéneuse pour avoir vu ses jolies fleurs lilas qui se montrent en automne dans les prairies fraîches. Si l'on fouille la terre, on trouve la bulbe ou oignon qui la produit. Cette bulbe et les feuilles vertes sont un véritable poison pour les vaches, les porcs et les moutons qui en mangent accidentellement. On prépare cependant avec cette herbe le vinaigre dit *colchitique* dont on ne doit user qu'avec une extrême modération comme diurétique, c'est-à-dire pour faire secréter une plus grande quantité d'urine. Il ne faut pas dépasser la dose de 4 à 8 grammes dans le début de l'administration.

Coquelicot. — C'est une plante des moissons, non toutefois chez les bons cultivateurs ; malheureusement il en restera longtemps encore assez de mauvais pour fournir des coquelicots aux besoins de la médecine vétérinaire. Ce sont les fleurs tant aimées des enfants, qui s'en font des couronnes, que l'on emploie habituellement pour adoucir et calmer les irritations spéciales. On en fait des infusions que l'on donne à boire aux animaux malades. Les tiges et les feuilles doivent être rejetées, parce qu'elles sont malfaisantes. On a observé, dit M. A. Sanson, des cas d'empoisonnement, chez les ruminants, par cette plante. Elle produit la météorisation quand elle est mêlée au fourrage.

Courge. — Cuite, la pulpe de courge forme une bouillie qui, unie avec un peu de graisse et d'huile fraîche, donne un très-bon cataplasme qui remplit le même usage que celui de farine de lin. L'eau de courge est émolliente et peut être donnée dans les inflammations internes.

Cresson de fontaine. — Inutile de le décrire, tant il est connu partout. Le jus de cette plante bienfaisante peut être donné aux grands animaux, comme tonique et antiseptique, depuis la dose de 2 à 3 décilitres jusqu'à celle d'un demi-litre et même d'un litre.

Euphorbe. — On appelle ainsi la plante vulgairement connue sous le nom de *catapuce* et dont les feuilles, mais surtout les grains, servent de purgatifs très-employés dans certaines familles. On ne sait pas partout que ces purgatifs sont aussi dangereux pour les bêtes que pour les hommes. Il est reconnu que dans le fourrage les euphorbes sont des plantes nuisibles à la santé du bétail.

Fougère male. — C'est une très-jolie fougère qui atteint parfois un mètre de haut et qu'on trouve dans les bois, les haies, les lieux couverts. En Novwège et dans les contrées septentrionales de l'Europe, on en mange les pousses comme les asperges. D'après le docteur Roques, dans les montagnes où la fougère mâle abonde, on donne aux porcs ses racines fraîches. Cet aliment leur plaît beaucoup et les engraisse. En médecine humaine aussi bien qu'en médecine vétérinaire, cette racine est recommandée pour détruire les vers et notamment le tœnia. La poudre de fougère se donne aux volailles, unie à leurs aliments, à un peu de farine d'orge ou de pain. Si elles la refusent, on en confectionne de petites boulettes qu'on leur fait avaler. Pour les chiens on associe cette poudre au lait. On la donne aux gros animaux dans de l'eau, à la dose de 120 grammes par tête. Ces doses doivent être continuées pendant trois ou quatre jours; le quatrième jour, il est convenable, si l'état du canal digestif le permet, de donner un purgatif pour chasser les vers qui sont engourdis et qui n'ont point été expulsés jusqu'alors.

Frêne. — L'écorce de frêne est vantée comme astringente, antiputride et diurétique. On l'emploie dans le traitement du charbon des gros animaux. Les feuilles, à la dose de 120 grammes dans 2 litres d'eau, purgent très-bien les grands ruminants. C'est un breuvage simple, facile à se procurer, et qui ne coûte rien.

Fusain ou Bonnet de prêtre. — C'est un fort joli petit arbrisseau de nos haies. Lorsque les vents d'automne ont enlevé les feuilles et qu'en hiver il n'est plus de verdure, le fusain devient l'ornement de nos haies par ses jolis fruits roses en forme de petite barrette de cardinal. Les enfants s'en font des colliers et des couronnes. La plante et ses fruits ont cependant des propriétés vénéneuses. Les vétérinaires emploient la décoction des feuilles, de l'écorce et des graines dans le vinaigre, en lavages contre la gale des chevaux et celle des chiens et autres animaux domestiques.

Garou. — C'est l'écorce fournie par le *Daphné Garou*, gracieux arbuste qui croît naturellement dans les bois du Revermont où je l'ai trouvé en octobre 1869. On met macérer les écorces en question dans du vinaigre pendant 12 à 24 heures, ensuite on les découpe en petites lanières de 3 à 4 centimètres de largeur qu'on insinue sous la peau à titre de médicament dérivatif, c'est-à-dire pour tirer le mal au-dehors. Bientôt il se manifeste un engorgement considérable. On fait une incision à la plaie et on retire l'écorce irritante. La plaie suppure bientôt. L'usage du garou a été recommandé dans le typhus contagieux du gros bétail. On s'en sert fréquemment pour combattre les vieilles claudications de l'épaule et de la hanche.

Genévrier. — Les baies de genièvre sont toniques, stimulantes et diurétiques. Mélangées avec le fourrage, elles rendent la digestion plus facile et plus prompte. On en donne 30 à 50 grammes pour le cheval et le bœuf par jour et en une dose. Les baies dont il s'agit servent très-fréquemment à pratiquer des fumigations aromatiques dans les naseaux, dans le cas de catarrhe nasal chronique et de bronchite chronique. Ces fumigations faites sur toute la surface du corps, après l'avoir recouvert de larges couvertures, sont très-recommandées dans le début des maladies se rapportant aux poumons et contre les douleurs rhumatismales.

Gentiane. — Je n'ai pas trouvé cette jolie plante dans notre plaine, mais elle est très-répandue dans toutes les montagnes. C'est un tonique précieux dans la médecine des animaux, tant à cause de la facilité de se le procurer que de ses effets sur la santé. La poudre, le vin et l'extrait de gentiane sont les préparations les plus usitées. La gentiane ranime les digestions et augmente les forces vitales des animaux. La dose est, en poudre, de 30 à 60 grammes pour les grands animaux. Elle est conseillée dans le traitement de la pourriture des bêtes bovines et ovines.

Guimauve. — Vous savez tous que c'est une plante très-émolliente. Dans les maladies du bétail elle s'emploie en décoction pour confectionner des breuvages, des lavements, des gargarismes, des bains, lorsqu'il y a inflammation des organes. La poudre sert à préparer une boisson qui est bonne dans les inflammations du larynx, des bronches, etc., à la dose de 60 à 120 grammes. Elle calme les douleurs, fait cesser la toux et favorise l'expectoration. On l'unit quelquefois au miel.

Hellébore vert. — C'est la plante que l'on cultive dans tous les jardins de campagne pour sa racine qui sert à faire des sétons aux bestiaux. On l'appelle *herbe de carbon* dans les environs de Montrevel, et *herbe de ta* près de Bourg. La plante en question était déjà très-célèbre chez les anciens qui lui attribuaient la propriété de guérir de la folie. De là ces vers de La Fontaine :

Ma commère, il faut vous purger
Avec quatre grains d'ellébore.

Aujourd'hui la science a reconnu qu'il y a gros à rabattre de toutes ses vertus. L'emploi le plus ordinaire est en sétons pour le bétail, je l'ai dit. Il y aurait imprudence à s'en servir à l'intérieur. On cite aussi le *faux ellébore noir* ou l'*actée* que les paysans de l'Auvergne emploient

IMPR.

comme révulsif. Dans certaines maladies des bœufs, ils introduisent sous la peau des filets de ces racines, qui provoquent un écoulement abondant de sérosité.

Herbe a Robert. — C'est une espèce de géranium ou bec de grue qu'on trouve dans les haies, sur les vieux murs et dans les lieux sombres. On l'emploie avec avantage en décoction concentrée (30 à 60 grammes par litre d'eau) dans le pissement de sang des bestiaux.

Houblon. — Le houblon sert à la fabrication de la bière. Une variété sauvage croît dans nos haies. Ses longs sarments, chargés de cônes verts écailleux, distinguent cette plante des autres végétaux parmi lesquels elle se rencontre. Le houblon est administré comme tonique dans beaucoup de maladies où les animaux manquent de force. La dose est de 30 à 60 grammes de cônes en décoction dans deux à trois litres d'eau. On unit fréquemment ces décoctions au vin ou au cidre, dans les pays où cette dernière boisson est utilisée.

Hysope. — C'est une jolie plante cultivée dans beaucoup de jardins pour l'éclat de ses fleurs. Ces mêmes fleurs et les feuilles s'emploient en infusion pour les animaux dans les maladies de langueur et dans les rhumes. On l'emploie aussi à l'extérieur pour confectionner des cataplasmes contre les engorgements froids et indolents des membres.

Laitue. — La laitue ou salade est très-utile à la volaille pendant les chaleurs de l'été. Lorsque les poules sont atteintes de constipation, la nourritude verte de salade, laitue, épinards et oseille, les guérit presque toujours. La laitue s'emploie en cataplasmes adoucissants avec d'autres plantes analogues. Les porcs sont aussi très-friands de salade, et elle leur fait du bien. Aussi Mathieu de Dombasle conseille d'en cultiver exprès pour eux.

Lin. — La graine de lin sert à faire des breuvages que l'on donne aux animaux dans les affections inflammatoires ou dans les simples irritations de l'intestin, surtout chez les ruminants. Pour les usages extérieurs, la farine est préférable sous forme de cataplasme, qu'on emploie sur les parties enflammées et douloureuses, comme dans les boiteries, les furoncles, etc. Cette graine s'emploie avec succès aussi dans les maladies de la vessie, les pissements de sang. Un autre moyen très-simple de guérir cette dernière maladie est l'emploi du lait caillé, à la dose de un à deux litres par jour. L'huile de lin s'emploie comme émolliente et purgative chez les grands animaux. Notons que l'huile d'olive purge aussi les jeunes bêtes, ainsi que l'huile de colza, de noix et de chènevis. L'huile de ricin sert aussi à purger les grands animaux, à la dose de 500 grammes et au-dessus ; mais son action est peu constante : aussi, son emploi pour ces animaux est-il assez restreint.

Marronnier d'Inde. — L'écorce de marronnier d'Inde est un tonique bon à employer dans les maladies caractérisées chez les animaux par un sang pauvre. Elle s'emploie en boissons ou en poudre dans le fourrage.

Mauve. — Il y a plusieurs sortes de mauves. Toutes sont employées dans les maladies qui réclament des émollients. On en fait des cataplasmes, des décoctions qu'on donne en breuvages, en lavements.

Mélisse. — Comme en médecine humaine, la mélisse est pour les animaux un stimulant aromatique propre à calmer les maladies du système nerveux caractérisées par de vives douleurs du ventre. On l'emploie en infusion dans le vin, la bière et l'eau.

Ményanthe ou Trèfle d'eau. — Ce dernier nom s'explique par la ressemblance des feuilles de cette plante avec le trèfle fourrage artificiel connu de tout le monde. Elle vient dans les lieux humides, dans les fossés où coulent des eaux de sources. On est sûr d'en trouver vers le pont de Corgenon, dans le fossé au nord qui aboutit à la Veyle. La fleur est très-élégante. Ses pétales duvetés d'un blanc mêlé de rose tranchent agréablement sur le feuillage du plus beau vert. C'est un amer et un tonique propre à réveiller les forces vitales et digestives des animaux. On l'emploie peu dans le pays.

Menthe poivrée ou Baume. — Plante stimulante à haut degré, bonne contre les indigestions récentes et simples du bétail. Elle excite alors les fonctions stomacales et calme les coliques. L'usage en a été recommandé dans les maladies résultant d'un sang pauvre. A l'extérieur, les lotions de menthe conviennent parfaitement pour activer la cicatrisation des plaies blafardes, etc.

Mercuriale. — C'est une herbe des champs qui s'emploie en décoction à la dose de deux ou trois poignées pour un litre et demi d'eau, pour préparer un lavement laxatif auquel on ajoute souvent soit 50 grammes de savon, soit 200 grammes de sel pour les grands animaux, afin de rendre la décoction plus active.

Mille-feuille.—Cette plante a beaucoup d'autres noms, *herbe de Saint-Jean, herbe aux coupures, herbe aux charpentiers*, etc. Il suffit que vous la distinguiez des autres, et la multitude de ses petites feuilles, d'où son premier nom *millefeuille*, est un caractère qui a dû fixer votre attention. Les cultivateurs de plusieurs contrées emploient avec succès cette herbe vulgaire en décoction concentrée dans l'hématurie (pissement de sang) et les flux de sang des bestiaux, dans la rétention de l'arrière-faix chez les vaches qui ont vêlé. Des fumigations et des bains aromatiques faits avec la mille-feuille sont aussi un excellent remède contre la gale des moutons.

Morelle noire. — Plante fort commune, de la famille des pommes de terre, caractérisée surtout par une odeur repoussante. On ne doit jamais l'employer seule à l'intérieur, quand elle a des grains, parce qu'elle possède alors une action beaucoup plus énergique. Quand elle est jeune, elle n'offre aucun danger, car on la mange comme les épinards dans certains pays. A l'extérieur, elle est usitée fréquemment en cataplasmes crus ou cuits sur les inflammations douloureuses des articulations.

Moutarde. — La farine de moutarde en cataplasme produit autant d'effet sur la peau des animaux que sur celle de l'homme. Appliquée sur celle du bœuf, du cheval ou du chien, elle détermine toujours la rougeur : seulement, l'effet en est d'autant plus actif, plus prompt et plus énergique que les animaux ont la peau plus fine. Ce médicament a la propriété de tirer au-dehors le sang et les humeurs, et détruire ainsi les congestions à l'intérieur. Cette propriété indique l'usage que l'on en peut faire.

Navet. — Ce fourrage-racine convient parfaitement aux animaux qui sont atteints d'inflammations du ventre, de la poitrine et des voies urinaires. M. Delafont, savant vétérinaire et auteur estimé, a constaté les bons effets de la rave dans la néphrite ou pissement de sang des ruminants. La chose est bonne à savoir en Bresse où les raves abondent généralement dans toutes les fermes.

Noyer. — Les feuilles traitées par décoction, les écorces grattées, rapées et unies à l'eau, donnent un liquide qu'on peut employer en injections, en lotions, pour tarir certaines humeurs de mauvaise nature, et notamment pour la maladie des yeux. On se sert aussi avec succès de ce liquide pour faire des cataplasmes astringents. L'eau de feuilles de noyer s'emploie encore avec avantage pour faire périr la vermine qui tourmente certains animaux. On en éponge les chevaux afin d'éloigner les mouches. Enfin, on a reconnu que ces mêmes feuilles mises dans le linge le préservent des teignes.

Nummulaire. — Vous avez tous vu cette petite plante traînante montrant ses fleurs jaunes dans les haies, dans la mousse même, fleurs qui ressemblent au premier abord à celles du bouton d'or. On l'appelle, suivant les lieux, *herbe aux écus*, *herbe aux cent maux*, *herbe à tuer les moutons*, *monnoyère*. Ses feuilles arrondies ressemblent à des pièces de monnaie. C'est là l'origine de son nom de nummulaire, *nummulus*, petite monnaie. Je me suis trop arrêté à ces détails. Passons, et disons que cette petite herbe se donne aux brebis, pulvérisée et mêlée avec du sel, pour les préserver de la phthisie pulmonaire.

Le sel a sans doute une bonne part des bons effets que l'on obtient de ce mélange. Le remède est facile à essayer.

Orge. — Très-répandues et peu chères, les semences de l'orge traitées convenablement par décoction donnent des boissons, des breuvages très-adoucissants dont on fait un fréquent usage dans les maladies du tube digestif, et notamment dans la diarrhée, la dyssenterie et les inflammations des voies respiratoires chez les bêtes à cornes. Ces breuvages ne fatiguent que peu ou point l'estomac et sont légèrement nourrissants. On y mêle quelquefois une petite quantité de sel marin pour en faciliter la digestion.

Ortie. — Il y aurait bien des choses à dire sur l'ortie si nous en avions le temps et si c'était le lieu. Rappelons seulement qu'on mange les jeunes pousses d'ortie dans quelques pays. Je m'en régale beaucoup dans la soupe au lait, au printemps, quand la tige et les feuilles sont tendres. Comme nourriture des bestiaux, l'ortie est cultivée en Suède de temps immémorial. C'est une nourriture saine et assurée, car elle est précoce et facile à cultiver. Le lait des vaches qui s'en nourrissent est meilleur et plus abondant. On la dit propre à préserver les bestiaux des épizooties. Les volailles, qui sont très-avides de ses graines, pondent davantage si on en met dans leur pâtée. Les maquignons mêlent une certaine quantité de feuilles d'ortie à l'avoine qu'ils donnent aux chevaux, afin que ceux-ci aient un air vif et un poil brillant. Ces mêmes feuilles s'emploient comme résolutives et détersives, en cataplasmes, sur les ulcères du bétail, contre la gangrène, les tumeurs, etc.

Oseille. — Le bouillon d'oseille, uni à la crême faible, forme un breuvage rafraîchissant qu'on administre aux jeunes bêtes à cornes chez lesquelles il provoque une légère purgation. Ce breuvage convient pour le traitement de beaucoup de maladies de l'estomac, des entérites et des gastro-entérites des ruminants.

Patience. — Il y en a plusieurs variétés. Certains cultivateurs du canton du Montrevel ont une confiance particulière aux vertus de la patience rouge pour les maladies de sang des bêtes à cornes. Ce qu'il y a de certain, c'est qu'elle ne peut pas nuire si elle ne produit pas l'effet qu'en en attend.

Elle ne produit un effet certain qu'à la longue, ce que semble justifier son nom *patience :* Ayez patience.

Pavot. — Les têtes de pavot s'emploient dans les coliques nerveuses et dans les diarrhées muqueuses de tous les animaux. On les donne en poudre aux vaches dans les cas de parturition difficile. A l'extérieur, on en lotionne les plaies douloureuses.

Persil. — Mêmes propriétés et même mode d'emploi que l'asperge. Toutefois il est constaté que la racine de persil est un diurétique plus puissant que celle de l'asperge.

Petite centaurée. — Cette petite herbe est connue ici pour son emploi contre la fièvre tremblante. Dans le fourrage, c'est pour les animaux un bon tonique. On en fait aussi des boissons fortifiantes avec une poignée dans deux litres d'eau. Ces fourrages et les boissons de petite centaurée conviennent aux animaux atteints de faiblesse de mauvaise nature.

Peuplier. — D'après M. A. Sanson, l'écorce du peuplier jouit des mêmes propriétés que celle du saule dont il sera parlé bientôt, mais seulement à un moindre degré.

Pommier. — Les pommes, légèrement acides, et surtout les reinettes traitées par décoction, donnent un liquide qui, miellé ou sucré, est très-rafraîchissant. Ainsi, pour rafraîchir les bœufs, les vaches et les chevaux, on peut avec avantage leur faire boire de l'eau ayant servi à faire cuire des pommes. Des vétérinaires instruits ont recommandé les pommes acides, hachées dans le fourrage, comme très-convenables au gros bétail atteint de typhus contagieux.

Potentille argentine. — Cette plante porte le nom d'argentine à cause de ses belles feuilles soyeuses, brillantes, blanches et comme argentées à leur revers. Elle aime les lieux frais, un peu humides, les bords des prairies et des ruisseaux. Lorsqu'on la mâche, on lui trouve une saveur légèrement acerbe; aussi a-t-elle pris rang dans le groupe des herbes astringentes usitées pour le bétail contre la diarrhée, la dyssenterie, dans toutes les maladies où il s'agit de fortifier les organes. Les porcs sont très-friands de cette plante. Ils fouillent avidement le sol où croît l'argentine pour dévorer ses racines.

Il y a dans nos champs une autre potentille dont le feuillage ressemble beaucoup à celui du fraisier. On lui a donné le nom vulgaire de *Quinte-Feuille.* C'est la potentille la plus renommée, la plus connue, celle à laquelle on peut appliquer particulièremeat le nom de *potentille*, dérivé de *potens*, puissant. Les anciens lui croyaient de grandes vertus. Les vaches, les chèvres et les moutons la broutent avec plaisir. C'est aussi une plante astringente bonne contre les diarrhées, les pissements de sang et les dyssenteries du bétail.

Prêle. — On emploie la décoction de prêle avec succès dans le pissement de sang des bestiaux, après avoir toutefois, dans la plupart des cas, pratiqué une large saignée. C'est un remède populaire à la campagne.

Réglisse. — La réglisse de bois, qu'on achète chez les épiciers, concassée grossièrement et mise macérer dans de l'eau, donne un liquide sucré, limpide et rafraîchissant que les animaux boivent avec plaisir. Cette préparation est bonne pour l'été surtout, comme boisson tempérante dans les maladies internes qui sont accompagnées de fièvre intense. On en fait un usage fréquent dans les rhumes, dans les maladies de poitrine et des voies urinaires des chevaux et des bêtes bovines.

Riz. — Ce grain sert à faire de très-bons breuvages émollients pour toutes les bêtes à cornes atteintes de dyssenterie ou de diarrhée.

Ronce commune. — Cet arbrisseau abonde dans les haies, dans les bois. Ses fruits sont connus chez nous sous le nom de *mûrons*. Le docteur Roques dit que les cabaretiers des environs de Paris colorent leurs mauvais vins avec le suc des *mûrons*, ce qui ne les rend pas meilleurs; mais au moins cette sophistication n'est pas nuisible à la santé. Les jeunes pousses, les bourgeons et les feuilles de la ronce ont une propriété astringente. On en fait des décoctions qu'on emploie pour le bétail sous forme de gargarisme. Ce remède populaire n'est point à dédaigner lorsqu'on y ajoute un peu de lait ou un peu de miel.

Saponaire. — La racine de saponaire a les mêmes vertus épuratoires que la patience rouge dont nous avons parlé ci-devant. Son emploi pour le bétail est à recommander.

Sauge. — La sauge est cultivée dans presque tous les jardins. Son feuillage et ses jolies fleurs violettes lui font trouver place dans les parterres. C'est une plante stimulante dont on fait, pour le bétail, à peu près les mêmes usages que de l'absinthe, de la camomille, de la menthe. La germandrée s'emploie aussi dans les mêmes circonstances de maladie.

Saule. — L'écorce de saule a des propriétés toniques, astringentes et antiputrides, connues en médecine humaine et en médecine vétérinaire. La poudre de cette écorce se donne aux grands animaux, dans le but de les fortifier, à la dose de 30 à 60 grammes.

Seigle ergoté. — L'ergot du seigle est une production qui se manifeste sur les épis de seigle dans les années chaudes, humides et surtout pluvieuses. Cette production s'administre aux vaches dans les parturitions languissantes, à la dose de 8 à 16 grammes, en suspension dans un demi-litre de décoction d'armoise ou de toute autre plante aromatique, en ayant soin de faire prendre cette dose en trois à quatre fois et à un quart d'heure d'intervalle.

La sabine et la rue s'emploient aussi dans le part

languissant et la non délivrance ; mais il faut en user avec beaucoup de modération et de précautions, et à des doses qui permettent de n'en pas craindre les redoutables effets.

Sureau. — La fleur de sureau est un bon sudorifique pour les animaux domestiques. La dose est de 30 à 60 grammes par jour en infusion dans deux litres d'eau.

Il faut se donner bien garde de faire manger des baies de sureau à la volaille, car elles l'empoisonneraient.

Tabac. — Les décoctions de tabac dans l'eau naturelle et l'eau-de-vie sont très-recommandées pour la guérison de la gale et des dartres de tous les animaux. Elles doivent toutefois être employées avec beaucoup de circonspection, surtout lorsque la peau est en partie enlevée dans de larges surfaces. Des lotions d'eau de tabac s'emploient avec succès pour faire périr les poux et autres insectes qui pullulent et vivent sur la peau des animaux. On débarrasse les pigeons d'une espèce de punaise qui les dévore parfois, en semant dans leur nid de la poudre de tabac.

Plusieurs personnes assurent qu'une pincée de tabac à priser, mêlée avec une suffisante quantité de beurre pour en former une pilule, et administrée chaque matin aux jeunes chiens, les préserve de la maladie qui leur est si funeste. C'est par le vomissement qu'elle agit alors. On dit que dans plusieurs contrées de la France les maquignons qui veulent mettre en vente un cheval très-méchant lui administrent du tabac en suspension dans l'alcool, afin de le plonger dans un état d'ivresse et de somnolence qui masque momentanément ses vices.

Un cultivateur bavarois recommande une pilule formée de graisse et de 15 grammes de tabac en poudre pour guérir les animaux météorisés ou gonflés. Il faut ménager ces moyens qui offrent parfois de sérieux dangers.

Tanaisie. — C'est une jolie plante bien verte, à feuillage découpé imitant la fougère et à odeur pénétrante.

Je connais beaucoup de fermes où l'on emploie la tanaisie contre les maladies de langueur du bétail, surtout contre les vers. Tous les ouvrages spéciaux confirment cette pratique en disant que la tanaisie est un vermifuge excellent.

Thé de Chine. — Le bétail se trouve bien dans les embarras digestifs de prendre des boissons de thé à la dose de 16 grammes dans un litre d'eau. Cette boisson remet les fonctions de l'estomac.

Thé de foin. — On appelle ainsi une préparation faite avec du foin de bonne qualité, haché, de l'eau bouillante et un peu de lait. Cette boisson est excellente pour les veaux d'élève. Le thé de foin est, dit-on, à la matière végétale l'équivalent du bouillon fait avec des substances animales. Il devrait être d'un usage plus général. « Il constitue, dit M. Isidore Pierre, une boisson éminemment rationnelle qui, indépendamment des principes aromatiques, toniques et stimulants, offre aux jeunes animaux, sous une forme qui leur plaît (et qui rend la digestion facile), une alimentation riche en principes azotés et contenant en outre, en proportion assez considérable, les principes nécessaires au développement de leurs os. »

Vesse-de-loup. — On appelle ainsi, vous le savez, ces singulières productions de la terre, que l'on voit sortir grosses comme un petit œuf, à pellicule blanchâtre et pleine d'une poussière fauve qui s'en échappe avec le bruit que rappelle leur nom quand on les presse sous le pied. Pour les savants, la vesce-de-loup a d'autres noms, c'est le *lycoperdon vulgare*, ou le *lycoperdon maximum*, ou encore le *boviste maxima*. Il va sans dire que vous n'êtes pas obligés de vous rappeler tous ces termes. J'appelle votre attention sur un emploi de la vesce-de-loup pour les animaux. Linné dit que les Finlandais font prendre la poudre de ce champignon, mêlée avec du lait, aux veaux qui ont la diarrhée. Le remède est facile, et ce que l'on sait sur les propriétés de cette substance justifie l'usage que cite le grand botaniste.

VIGNE. — Le principal produit de la vigne, le vin, est un médicament précieux pour les animaux. Les vétérinaires l'emploient avec succès à l'occasion de certaines maladies, pour augmenter l'activité des organes et imprimer une secousse salutaire à toute la machine animale. L'expérience en a démontré les bons effets dans les indigestions et les coliques. Le vin est alors étendu de moitié ou d'un quart d'eau, chauffé à la température tiède et rendu d'une saveur agréable en y faisant dissoudre un demi-kilogramme de miel par litre de liquide. Ce breuvage convient dans les coliques violentes qui suivent une ingestion considérable d'eau froide dans l'estomac. Le vin bien chaud miellé, administré à grande dose, est souvent très-avantageux dans les refroidissements et prévient de graves maladies de poitrine. Dans le dévoiement des veaux, Mme Millet-Robinet donne un verre de vin mélangé de moitié d'eau, qu'elle fait avaler froid une demi-heure avant le repas. Notons enfin, après plusieurs journaux agricoles, que dans une certaine maladie des voies respiratoires, propre aux poules pendant les chaleurs de l'été, quelques cuillerées de vin sucré produisent un excellent résultat.

Voilà tout ce que j'avais à vous dire sur les plantes servant dans les maladies du bétail.

Faisons à présent une petite halte et demandons-nous quel sera le résultat de ces notes. Qu'en pensera-t-on? Tout cela est un savoir d'emprunt, dira-t-on, peut-être.— Hélas! oui. Quelque modestes que soient ces connaissances, je les ai *apprises* et je ne sache pas qu'elles soient données par la nature à qui que ce soit. Je les ai apprises en partie, il y a plus de vingt-cinq ans, d'un aïeul qui m'a élevé dans les goûts de l'agriculture. J'ai parcouru et feuilleté depuis quantité de livres sur les mêmes matières. Dans tous les ouvrages spéciaux, j'ai retrouvé ces deux idées : que les empiriques ou *médecins de bêtes* font souvent beaucoup de mal et qu'il y a imprudence pour celui qui n'a pas étudié l'art vétérinaire de se mêler de médeciner le bétail. Ces idées, quoique justes au fond, ne me paraissent pas faciles à concilier. Si le commun des mortels n'est pas capable de soigner un âne ou un chien malade, il faut donc les laisser périr sans secours, car il n'est pas possible que le vétérinaire puisse suffire à la tâche de visiter toutes les bêtes malades dans le canton qu'il habite. Cependant je conviens que les prétendus médecins de bêtes ne connaissent souvent rien à leur métier. Alors que faut-il faire? tout simplement une partie de ce que nous avons conseillé dans cette causerie. Une fois que la science se sera faite simple et petite pour être à la portée des ignorants, elle entrera peut-être dans la demeure de nos cultivateurs qui n'auront plus recours aux charlatans pour les moindres maux de leurs bêtes, pour le lait bleu ou tranché de leurs vaches; et, dans les cas plus graves, ils comprendront les services du vétérinaire, et l'appelleront à temps avec autant de raison qu'ils donnent à réparer leurs horloges aux horlogers, et non au premier bavard qui se présente. Les bêtes sont des machines animées sur lesquelles il faut avoir longtemps étudié pour les remonter lorsqu'elles sont détraquées. Encore une fois, les seuls qui aient fait ces études parmi nous sont les vétérinaires. Mais il ne vous est pas défendu d'étudier vous-mêmes et d'appliquer avec prudence dans vos écuries ce que vous aurez appris. Celui qui soigne son bétail, dit Jacques Bujault, soigne sa bourse.

Terminons enfin par une réflexion morale. — Ah! il faut soigner les bêtes, nous l'avons dit et redit dans cette causerie. Et les gens qu'en faut-il faire? ... On assure qu'il y a des pays où la vache a le pas sur l'homme. Là on soigne les bêtes avec une attention presque religieuse et on laisse souffrir sans pitié son vieux père ou d'autres parents infirmes. Je me plais à penser qu'il n'y a rien de semblable chez nous. Qui sait pourtant? Ecoutez :

Le père et la vache de Pierre tombent malades.

Devant le grabat du pauvre père, Pierre a l'œil sec, mais il pleure comme un veau devant sa vache.

C'est que Bibi est une bonne vache. En conséquence, d'après Pierre, son père doit passer après Bibi.

Et vîte, Pierre va chercher Jean Latrousse et lui montre sa vache. O miracle! Elle n'a plus de mal. Il respire... Puis, pensant aux douleurs de son père : « A propos, le père est bas. Plus d'huile dans la lampe. Que voulez-vous ? Il a tant d'âge! Le bon Dieu lui rendrait un grand service en le prenant. Ne pourriez-vous pas lui faire boire un peu de votre goutte.» —Va pour la goutte, dit Jean Latrousse. Le père qui a tout entendu se laisse faire, et la gontte avalée, s'endort pour s'en aller dans un monde meilleur. Le fils essuie une larme avec sa main et dit : « Que la volonté de Dieu soit faite!» — sans penser qu'il pourra lui être fait de même.

Tout cela est d'un égoïsme affreux!.. Soyons bons pour les bêtes, rien de mieux. Mais que nos parents et les gens quels qu'ils soient aient toutes nos meilleures sympathies. C'est dans l'ordre, c'est la loi naturelle, et on a fort mauvaise opinion de ceux qui ne la suivent pas.

D. GIROD, *instituteur.*

Saint-Denis, 6 octobre 1869.

www.ingramcontent.com/pod-product-compliance
Ingram Content Group UK Ltd.
Pitfield, Milton Keynes, MK11 3LW, UK
UKHW020223180726
13838UKWH00005B/2164

9 782329 367255